U0632639

中国少年儿童科学普及阅读文库

探索·科学百科 ™

中阶

极地生命

中国少年儿童科学普及阅读文库
TANSUO
KEXUEBAIKE
★★★★★
4级D1
探索·科学百科

[澳]凯特·麦克兰⊙著

吴晓娟(学乐·译言)⊙译

Discovery
EDUCATION ™

全国优秀出版社
全国百佳图书出版单位
广东教育出版社

广东省版权局著作权合同登记号

图字：19-2011-097号

Copyright © 2011 Weldon Owen Pty Ltd

© 2011Discovery Communications, LLC. Discovery Education™ and the Discovery Education logo are trademarks of Discovery Communications, LLC, used under license.

Simplified Chinese translation copyright © 2011 by Scholarjoy Press, and published by GuangDong Education Publishing House. All rights reserved.

本书原由 Weldon Owen Pty Ltd 以书名*DISCOVERY EDUCATION SERIES · A Frozen World*

（ISBN 978-1-74252-209-8）出版，经由北京学乐图书有限公司取得中文简体字版权，授权广东教育出版社仅在中国内地出版发行。

图书在版编目（ＣＩＰ）数据

Discovery Education探索·科学百科. 中阶. 4级. D1，极地生命/[澳]凯特·麦克兰著；吴晓娟（学乐·译言）译. 一广州：广东教育出版社, 2014.1

（中国少年儿童科学普及阅读文库）

ISBN 978-7-5406-9465-4

Ⅰ.①D… Ⅱ.①凯… ②吴… Ⅲ.①科学知识－科普读物 ②极地－动物－少儿读物 Ⅳ.①Z228.1 ②Q958.36-49

中国版本图书馆 CIP 数据核字(2012)第167660号

Discovery Education探索·科学百科（中阶）
4级D1 极地生命

著 [澳]凯特·麦克兰 　译 吴晓娟（学乐·译言）

责任编辑 张宏宇 李 玲 丘雪莹　助理编辑 王 澍 于银丽　装帧设计 李开福 袁 尹

出版 广东教育出版社

地址：广州市环市东路472号12-15楼　邮编：510075　网址：http://www.gjs.cn

经销 广东新华发行集团股份有限公司　　　印刷 北京顺诚彩色印刷有限公司

开本 170毫米×220毫米　16开　　　　印张 2　　　字数 25.5千字

版次 2016年5月第1版　第2次印刷　　　装别 平装

ISBN 978-7-5406-9465-4　　定价 8.00元

内容及质量服务 广东教育出版社 北京综合出版中心

电话 010-68910906 68910806　　网址 http://www.scholarjoy.com

质量监督电话 010-68910906 020-87613102　购书咨询电话 020-87621848 010-68910906

Discovery Education 探索·科学百科（中阶）

4级D1 极地生命

全国优秀出版社
全国百佳图书出版单位 广东教育出版社 学乐

目录 Contents

北极

温度范围

海冰反射了 80% 的太阳光,这让北极常年保持低温。北极最冷的气温为 -70℃,最热时的气温为 2℃。

地球最北边的北极位于北冰洋上。北极圈是一条假想的线,由于地球公转时地轴倾斜,导致北极圈以北的地区,在北半球的夏至日太阳终日不落,冬至日太阳终日不出。

北极地区非常寒冷,因为这里太阳光照射地面的角度小,获得的热量太少。在北极点周围,大约有 700 万平方千米的永冻冰层。每年冬天,海洋中的冰就会增加,到了三月,结冰部分的面积就会翻倍。

群落

峡湾口的伊卢里小镇萨特,属于格陵兰岛,处处都是从冰川上掉落的小冰山。

冰下捕鱼

冬季,因纽特渔民靠捕鱼为生。他们在冰上凿洞捕鱼。

美国阿拉斯加州

俄罗斯

芬兰

格陵兰岛

阿拉斯加州
（美国）

北极圈

弗兰格尔岛

楚科奇海

东西伯利亚海

加拿大

波弗特海

新西伯利亚群岛

班克斯岛

拉普捷夫海

俄罗斯

维多利亚岛

北地群岛

伊丽莎白女王群岛

喀拉海

北极点
+

巴芬岛

埃尔斯米尔岛

法兰士·约瑟夫地群岛

巴芬湾

新地岛

斯瓦尔巴群岛
（挪威）

戴维斯海峡

格陵兰岛
（丹麦）

斯匹次卑尔根岛

巴伦支海

北极圈

北角

费尔韦尔角

丹麦海峡

挪威海

挪威

芬兰

冰岛

瑞典

北极圈的范围

　　北极圈的范围包括了格陵兰岛、北欧和俄罗斯北部，以及加拿大北部。

栖息地的改变

　　北极熊冒险在海冰上捕猎海豹，但是全球变暖导致海冰面积减少。随着冰的消失，北极熊无法获得食物，数量随之减少。

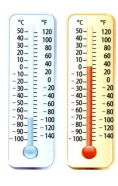

温度范围

　　南极冬季气温比北极低，而夏季气温高于北极。最冷的时候，气温为 -89℃，最热的时候为 15℃。

冰山

　　从大的冰川上掉落的浮冰或冰架称为冰山。

水下的部分

　　冰山的大部分都在海面以下。

露出水面的部分

　　冰山的一小部分漂浮在水面上，因为冰比水的密度小。

长须鲸

　　大部分的长须鲸都生活在极地区域。

南极

地　球最南端的南极位于南极洲大陆。南极圈内的情况和北极圈内的情况相似，但是南极更冷，因为这个区域的大部分地方都是陆地，陆地比海水的比热小，温差大。

　　冰盖覆盖了南极 98% 的面积。一些地方的冰层厚度达到 4.5 千米。南极大陆周围的一些海水常年结冰。在冬季，海冰的面积会逐渐扩大，在九月份达到最多。南极大陆上的生物很少，但其周围富有养料的海水中生活着很多海洋动物。

南美洲

非洲

大洋洲

南普得兰群岛（英国）

象岛（英国）

帕默（美国）

埃斯佩兰萨（阿根廷）

维尔纳斯基（乌克兰）

南奥克尼群岛

太平洋

别林斯高晋海

南极半岛

斯科舍海

埃尔斯沃思地

威德尔海

阿蒙森海

龙尼冰架

哈雷（英国）

马利伯德地

贝尔格拉诺（阿根廷）

拉森冰架

诺伊梅尔（德国）

南极圈

伯德（美国）

罗斯海

科茨地

特洛尔（挪威）

罗斯陆缘冰

南极点

大西洋

麦克默多海峡

+ 阿蒙森—斯科特（美国）

麦特里（印度）

斯科特（新西兰）

马克默多（美国）

南极圈

阿代尔角

沃斯托克（俄罗斯）

毛德皇后地

杜比尔（法国）

瑞穗（日本）

威尔克斯地

兰伯特冰川

莫森（澳大利亚）

凯西（澳大利亚）

中山（中国）

米尔内（俄罗斯）

普里兹湾

印度洋

人迹罕至的大陆

多个国家建立的科研站是南极洲上仅有的人类居住点。

降雪

冰川冰的形成

南极大陆上的雪几乎不会融化。新积雪覆盖在陈雪上。上一层雪的重量压下来，将下层的雪压成冰。巨大的压力迫使底层的冰滑向大海，形成了冰川。

新积雪

粒雪

新冰

坚冰

植物

极 地区域非常寒冷，全年大部分时间光照都很弱，所有的水都会冻结。一些植物已经适应了这样恶劣的环境。在南极洲，大约有 1% 的陆地未被冰层覆盖。整片大陆只有这里才能找到适宜植物生存的温度和水分。夏季，在背阳的地方生长了很多地衣和苔藓。苔藓、地衣、莎草、草类和灌木都能在北极生存。

当水结冰时，就会膨胀，这样就会导致植物的细胞破裂。即便如此，很多极地植物仍能生存。一些植物中的液体只在温度低于 -38℃ 才会凝固。还有一些植物让冰在细胞周围凝固，而细胞本身并不凝固。夏天，当光线较强，白昼变长，地面的冰慢慢融化的时候，植物便开始生长了。

短暂的夏季
极地植物必须在短暂的夏季快速地生长和繁殖。

北极苔原

北极苔原地区没有树木，并且植被耐寒，生长缓慢。苔原植物很会利用短暂的 50~60 天的生长期。一些植物在光照极低的环境下生长。它们在夏初时生长，并很快开花。一些植物不能在短时间内结实。它们在几个生长期中不断积蓄能量并在几年后结实。一些植物，诸如小型极地柳树，能存活极长的时间。

北极罂粟向着太阳开放。

在一起更安全
一些北极植物生长在一起，以抵抗强风。

极地柳树能生长到20厘米。

紫色虎耳草的花期较早。

被捕获的昆虫

植物的绒毛弯曲，以此捕捉到一只昆虫。绒毛顶端会分泌一种消化液。

粘稠的诱饵

一只昆虫被毛毡苔叶子上绒毛根部的黏性液体吸引住了。

尸体

几天内，昆虫柔软身体中的营养都被吸收了，只留下空空的外壳。

食肉性的毛毡苔

和所有植物一样，毛毡苔利用氮元素来合成蛋白质。大部分的植物都从土壤中获得氮元素，但是毛毡苔能够通过捕获昆虫获取氮元素。因此，它能够在贫瘠的土壤中生长。

食草动物

从小旅鼠到北极野兔，再到体重达410千克的大型麝（shè）牛，这些食草动物都以苔原植被为食物来源。有些常年生活在北极的食草动物，到了冬天会冬眠，比如北极地鼠，它们挤在一起在地洞中冬眠。旅鼠冬季呆在坑道里，吃着存储的种子和草，并且在雪中挖洞以寻找新鲜的植物材料。积雪为它们挡住了严寒。

北极野兔依靠它们的双层皮毛生存，在不进食的时候，它们将背部蜷缩起来以抵挡狂风。外面长长的毛将严寒阻隔，下方厚厚的毛将热量聚集。这些野兔用脚蹬破冰层，啃食冰里的植物。麝牛用它们的蹄和坚硬的头打破冰层，获得冬天的食物。

北极驯鹿

夏季，北极驯鹿在苔原上吃草，并且在那里繁育幼崽。当冬季来临时，它们就会迁徙到南方森林中的栖息地。在迁徙过程中，它们往往要游过湖泊和河流。它们厚厚的双层皮毛不仅能帮助它们在陆地上时保持体温，同样也能使其在水中可以聚集空气并增加浮力。

驯鹿将雪刮开以
寻找食物。

很久以来，驯鹿都是被捕猎和
驯养的对象。

伸展开的脚趾让驯
鹿能够在雪地中行走。

群集防守

当受到狼或北极熊之类的肉食动物的威胁时，麝牛就会形成一个紧密的防守圈，面朝外以对抗攻击者。那些还没长出牛角的小牛在最里面，以得到成年麝牛的保护。

强大的幸存者

麝牛常年生活在苔原地区。其身体外层覆盖着较长的体毛，里面贴近皮肤的是短而厚的毛层。在遇到暴风雪的时候，它们会挤在一起，小牛就躲在牛群之中。

白色小猎手

和很多北极动物一样，北极狐在冬季是纯白色的，但到了夏季就变成了青灰色。这让它在捕猎的时候不易暴露，同时也可以防止被狼或北极熊这样的肉食动物发现。夏季，北极狐所猎捕的小动物的数量充足，而冬季它们就以北极熊吃剩下的腐肉为生，或吃夏季自己埋藏在冻土层中的食物。

北极狐常年生活在北极严酷的自然环境中。它们的腿、鼻子和耳朵都很短，这就意味着它们比生活在其他地方的狐狸所消耗的热量要少。冬季，它们的毛皮是所有动物中最温暖的，厚度是夏季毛皮的两倍。它们睡觉时会将自己毛茸茸的尾巴绕到鼻子上。

雪鸮（xiāo）

雪鸮站在岩石上寻找猎物。它们的猎物包括野兔、旅鼠和鸟。它们眼眶周围的羽毛竖直排列成圆环形，而这些羽毛刚好可以将声波反射到眼睛正后方的耳孔内，因此，它们听觉灵敏，可以在昏暗的环境下觉察到猎物的踪迹，进而完成突然一击。雄性的雪鸮都是白色的，雌性是斑点状的。这样，它们在地面上的巢中坐着时，就可以形成伪装。

长而厚的羽毛覆盖了雪鸮几乎整个身体。

很多北极捕猎者都吃旅鼠。

致命的突袭

北极狐捕猎包括旅鼠在内的小动物。冬季捕猎时，它们跳跃起来，冲出雪地抓住猎物。

季节变化

春季，很多的北极动物都掉毛了，并且长出了深色的毛。秋季，它们再次换毛。它们深色的外衣被厚厚的白色毛皮替换。这让它们能够保持温暖，并能形成伪装。

夏季白鼬

在夏季，白鼬是棕色的，而腹部则是白色的。

夏季的小狐狸

在初夏，当旅鼠、幼鸟和蛋等食物充足时，北极狐便会繁育后代。

北极白鼬

在冬季，生活在北极的白鼬（yòu）是白色的。

北极兔

北极兔伪装能力较强，并且在冬季会变得很大胆。

柳雷鸟

这种鸟在冬季会长出纯白色的羽毛。

冬季

南方野兔

在北极，野兔常年为白色，而在南方，它们在夏天会变成棕色。

夏季的图案

夏季，柳雷鸟换上了条纹状的棕色羽毛。雄性的下腹部为白色。

夏季

北极熊

北极熊是北极食物链顶端的捕食者，也是陆地上最大的肉食动物，雄性北极熊能长到 3.5 米长。它们在海冰上捕猎，当夏季冰层破裂的时候，它们会向内陆迁徙。它们的猎物包括鱼、海鸟、海豹、白鲸和驯鹿。它们最常用的捕猎方法是"守株待兔"。它们在冰上找到海豹的呼吸孔，然后耐心地等待几个小时，等海豹一露头，它们就用厚重的前爪攻击海豹。

北极熊能适应严寒，其脂肪层不仅能够聚集身体的热量，还能储存能量。它们有双层皮毛，外层能够防水，里面一层皮毛柔软浓密，非常保暖。它们的毛是中空的。阳光可以穿透中空的毛不会把光"反射"到皮肤上，只会透过毛层照射到皮肤上。这有助于北极熊吸收更多热量。

兽穴

秋季，怀孕的雌熊会挖一处洞穴。到了冬季，它们会在这里繁育幼崽。幼崽是没有视力的。母亲一边忍受着自己不进食的煎熬，一边还要喂小熊吃脂肪含量高的奶。

洞穴入口

冬季过后，北极熊母亲将入口处的雪推开，幼崽就可以从洞里出来了。

玩乐和训练

它们并不仅仅是在玩乐，也是在为日后争夺配偶和食物的角力而训练。

危险的雄性

　　雄性北极熊比雌性大很多。它们会残杀并吃掉幼崽。

呼吸孔

　　顶部的孔能让新鲜空气进入到洞穴内。

节省能量

　　北极熊母亲进入到了局部冬眠状态。它的心跳减慢，这样身体所消耗的能量就更少。

同窝幼崽

　　幼崽通常有 1~4 只。在差不多两年的时间内，一家人都呆在一起。

嗅觉

　　在北极，动物们相隔很远地分散着。北极熊嗅觉灵敏，能嗅到 5 000 米内猎物的气味，并能准确追踪定位。

学会捕猎

　　在发现海豹后，北极熊母亲会将其猎杀。它的幼崽总是与它呆在一起，并向它学习怎样捕猎。

海象

你知道吗？

海象的象牙在它整个生命过程中都保持生长。它们有年轮，像树木的年轮一样。

海象是生活在北极的大型海洋哺乳动物。雄性海象的体型有两个雌性海象那么大，体重能达到两吨。海象皮下堆积着大量厚重的脂肪，帮助它们抵御严寒。为了生存，它们每天必须吃掉大约 25 千克的蛤、贻贝和其他来自海底的无脊椎动物。

在不潜水的时候，海象就爬到浮冰上。它们有时候会用象牙将身体拉出水面。它们也用象牙迎击捕猎者，比如虎鲸和北极熊。它们成群地呆在一起，以抵御捕食者，并且相互取暖。很多海象都要迁徙，冬季它们随着不断延展的海冰迁徙到南方，到了夏季，它们又会回到北方。

袭击和抵御

雄性海象为了争夺领地和繁育权而竞争。它们将头往后仰，以展示自己的象牙，有时也会相互撞击。

觅食

海象将水从嘴里喷出，滤去沉淀物以筛出它们的猎物。海象的视力很差，它们通过用胡须触碰来确定食物的位置。

在浮冰上休息

海象能爬上浮冰，并且能在潜水寻找食物的间隙聚在一起休息。雄性和雌性只在繁殖期聚集在一起。

犬齿武器

　　雄性海象的象牙比雌性的大，能长到 1 米长。

停止和行走

　　海象用前鳍状肢划水。粗糙的身体能够避免滑倒。

海洋盛宴

　　极地海水中有丰富的海洋生物，这为包括海象在内的很多大型动物提供了食物。虽然海象主要以双壳类动物为食，比如贻贝、蛤和海螺，但也在海底寻找食物，如海参、海胆和螃蟹。它们可能不会每天都吃，然而它们一旦开始进食，便会吃很多。

贻贝

蛤

海螺

螃蟹

海胆

海参

群居白鲸

这种小齿鲸生长在北冰洋及附近海域中。它们以鱼和海洋中的无脊椎动物为食。虽然它们通常停留在冰原边缘，但有时也会游到冰下。

球形隆起

这个被称作"额隆"的部位里充满了油脂，其形状能够改变，也许能有助于它们发出声波和"喀哒"声以方便定位。

消失的鳍

它们背上的鳍是纤维鳍，而不是背鳍，这帮助它们在冰下轻松游行。

颌骨

华丽的尾鳍

随着年龄的增长，白鲸那带有中心缺口的宽而弧状凸弯的鳍会变得更加弯曲。

鲸

鲸有两种主要类型：齿鲸和须鲸。两种鲸鱼有一层鲸油，使它们在极地的海洋里能保齿鲸有成排的锥形牙齿，能猎捕鱼类、乌和海鸟。最大的齿鲸是虎鲸，能长到 9.8 米。它们样捕猎其他海洋哺乳动物，如海象、海豹、海狮，至其他鲸类。齿鲸非常合群，并以家庭为单位生活一起，被称为鲸群。

须鲸比齿鲸要大得多。蓝鲸是地球上最大的动其身长达 33.6 米。它们吸入水，用鲸须板将吸入水滤出，截获大量的鳞虾和其他海洋无脊椎动物。鲸每年都会做长距离的迁徙，它们在温暖的水中过并进行繁殖。

聪明的虎鲸

　　虎鲸是最大的齿鲸，它们生长在世界的各个海洋中，包括极地地区的海洋。它们成群捕猎，其猎捕策略包括弄翻浮冰，让海豹和企鹅无法重新回到冰上，这样虎鲸就能捕捉到它们了。

　　虎鲸能在水中保持垂直，并且能在水面上眺望，从而发现猎物。

跃出水面的座头鲸

　　座头鲸属须鲸。夏季，它们在极地的海水中捕获鳞虾。冬季，这类鲸会迁徙到更为温暖的水中繁育后代。这种重达 20 吨的鲸鱼偶尔会跃出水面，这样的行为称作"鲸跃"。

企鹅

企鹅的种类有 17 种。它们都生活在南半球，大部分都在南极洲和亚南极地区。较大的企鹅，比如帝企鹅和王企鹅，生活在最寒冷的地区。小一点的企鹅，如小蓝企鹅，生活在较为温暖的地区。很多更小的企鹅，包括阿德利企鹅，在夏季南极的无冰区繁殖后代。只有帝企鹅在冬季繁育后代。雄企鹅将企鹅蛋拨到自己的脚背上，然后用长满羽毛的腹部盖住，而它们的配偶则回到海里寻找食物。

所有的企鹅都是游泳健将，它们潜水以捕获鳞虾、鱼和乌贼。它们的翅膀是平的，骨头沉重，这使得翅膀成为企鹅理想的桨。但在陆地上行走时，企鹅只能用短腿和带蹼的脚撑着地，笨拙地移动。

聚集取暖

雄性帝企鹅在南极大陆过冬。它们聚集在一起取暖，每个企鹅都会轮流站在外层。

适应冰雪

企鹅有一层脂肪，并且羽毛层下的柔软绒毛能够锁住身体的热量。油滑的外部羽毛和交叉的鳞片能将水阻挡在身体以外。羽毛覆盖了企鹅的大部分皮肤，企鹅长长的脚趾甲有助于它们抓住湿滑的冰。

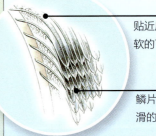

贴近皮肤的松软的下绒毛

鳞片状的、油滑的羽毛尖部

脚踝处的羽毛

长长的脚趾甲便于抓住冰面

防水的羽毛
油滑防水的羽毛
使寒冷的水无法触及
企鹅的皮肤。

气泡轨迹
在游泳时，企
鹅会在身后留下一
串气泡的轨迹。

游泳健将
从它们的尖喙顶
部开始，企鹅所呈现
出来的流线型能让它
们快速地游泳。

鳍状肢翅膀
企鹅看起来
犹如在水下飞行，
它们坚硬的翅膀
就像双桨。

正在游泳的帝企鹅

虽然在陆地上行走笨拙，
但是在水中，帝企鹅非常灵活。
它们的游泳速度能达到 32 千
米 / 小时，并且能潜水长达 22
分钟。

极地海豹

南极毛皮海豹
这种有耳的海豹有厚厚的皮毛，并且雄性海豹在脖子周围有一圈厚厚的鬃毛。

海豹在冰冷的极地地区茁壮成长，也有一些海豹生活在温暖的地区。所有的海豹都能很好地适应水中的生活。它们有流线型的身体曲线，它们的四肢也进化成了强壮的鳍状肢，因此与陆上行走相比，它们更适合游泳。它们柔韧的脊椎使它们成为灵活的游泳健将，它们可以迅速地追捕鱼和企鹅，或躲避捕食者。大部分海豹都有皮毛和一层油脂，这样它们就能在冰冷的海水中保持体温了。

所有的海豹都会到陆地或浮冰上繁衍后代，很多海豹拥有自己的领地。雄性海豹通常比雌性海豹大。雄性海豹会相互争斗，从而争夺领地并得到和更多雌性交配的机会。雌海豹给小海豹喂营养丰富的奶。几周后，小海豹就必须学会捕猎。

斑点皮毛
皮毛外层呈深色，里层颜色较浅，并且有像花豹一样的斑点，这也是它们名字的由来。

孤独的豹海豹
这些凶猛的捕猎者通常都在南极的海水里独自游弋，只有在繁育后代的时候才会上岸。它们以鳞虾为食，但也捕捉企鹅和海鸟，甚至还捕捉小海豹。雄性豹海豹和雌性豹海豹都会发声，这或许是为了寻找到对方。

你知道吗?
海豹们在游泳的时候会将鼻孔闭着，这能防止水进入到它们的肺部。一些海豹能潜水长达一小时之久。

前鳍状肢
巨大且有力的前鳍状肢能让豹海豹迅速灵活地追逐猎物。

有耳或无耳

　　有两种类型的海豹：未带有外部耳廓的为无耳或"纯种"海豹，它们的背鳍朝向后方；那些带有外部耳廓的海豹被称为有耳海豹，它们的背鳍朝向前方。

食蟹海豹

　　这种纯种海豹生活在南极海域中。它们吃鳞虾而不吃螃蟹，并通过它们的臼齿来筛选鳞虾。

巨大的头部

　　当抓住猎物后，豹海豹就摇晃着它们巨大而有力的头部，将猎物撕扯成小块，然后吞下去。

带有三个尖头的臼齿

　　带尖头的上部臼齿和下部臼齿扣合，以这种方式来从水中滤出鳞虾。

巨大的颌

　　长长的颌大大地张开，再强有力地闭合，长长的犬齿就深深地嵌入到大型猎物的躯体中。

海鸟

大量海鸟在极地生存，利用着丰富的海洋资源。其中有一些鸟，如漂泊信天翁，在宽阔的海洋上空飞翔；还有些鸟，如南方大海燕，则集中在海岸线周围。

海鸟的食物种类很多。信天翁吃鱼类和乌贼；北极燕鸥主要以鱼类为食，有时也从其他海鸟那里夺取食物；角嘴海雀专门捕食成群结队的小鱼；南极贼鸥自己捕鱼，但是同样也夺取其他海鸟的食物，它们也经常光顾企鹅的领地，抢夺那些没有得到照顾的小企鹅和企鹅蛋。在温暖的月份里，大部分海鸟都在海岛上或悬崖顶上安家，繁衍生息。一些如信天翁之类的鸟，自己做泥巢，而其他如海雀一类的鸟就在岩洞中筑巢。

长长的翅膀

信天翁的翅膀比其他所有鸟类都要长，展开后长度能达到 3.5 米。

肩锁

通过肩上的锁骨结构让翅膀保持伸展的状态，这样就能节省能量。

北极燕鸥

北极燕鸥是迁徙旅程最长的动物。夏季，当在北极的繁育期结束后，它们将进行长达 3 个月的旅行飞往南极，距离长达 40 200 千米；在南极夏季结束时，它们又返回北方。

北美洲　欧洲　亚洲　非洲　南美洲　大洋洲　南极洲

图例
北极燕鸥的迁徙线路

窄窄的翅膀

长而窄的翅膀最适合滑翔，并且能够在海洋上空的气流中自在地飞行。

野生的流浪者

漂泊信天翁能够活到80岁。它们一生中大部分时间都在海洋上空飞翔，从海面上捕捉乌贼和鱼类。这些鸟在亚南极群岛上繁衍后代。

收起双脚

它们的双脚平行放在身后，这就防止了因触水而导致速度减慢。

肌肉的力量

在升降过程中，胸骨上强有力的肌肉为拍打翅膀提供了动力。

你知道吗？

漂泊信天翁极易受到威胁。它们潜入水中时，往往会被钓鱼线上的鱼饵引诱，被意外捕捉。每年数千只漂泊信天翁就这样死去。

大西洋角嘴海雀

这些群居的鸟几乎做什么事都在一起。它们在领地里繁衍生息，挖洞穴，站立在一起休息，在水上"浮水"，并一起追逐鱼群。

极地探索

很 久以前，北极圈内就有人类居住。早期的维京探险者在几个世纪前就在北极地区定居下来，比如格陵兰岛。19 世纪，探险者开始向往到达世界的最北端——北极。到了 20 世纪初，人们也开始了对南极的探索。然而，恶劣的气候条件导致了极地探索屡屡失败，对于如何选择衣物和设备，人们还有很多要学习的地方。经过锲而不舍的努力，人们最终在 1909 年到达了北极，在 1911 年到达了南极。

科学家继续在这地球最神奇的区域里探索研究。他们已经在南极建立起了科学考察站。旅行者也可以来极地探险了，他们能亲身感受极地无与伦比的美景。

北极冲刺

1909 年 3 月，一组美国人出发前往北极，并在路上得到了补给。最终，有 6 个人于 4 月 6 日成功到达了北极。

"持久号"蒸汽探险帆船，1915

游客

游客们站在破冰船的船沿上，随着冰块的破裂，他们向着被浮冰包围的南极洲一点点进发。

著名的极地探险者

很多探险者都到达了北极和南极，一些人在这个过程中遇到了生命危险。这往往是因为落后的设备和错误的决策所致，有时候也是因为运气不好。

1827 威廉·爱德华·帕里

帕里带领了一支英国探险队试图到达北极点，但是没能成功。

1909 罗伯特·皮尔利

罗伯特·皮尔利带领一支由几个美国人和四名有经验的因纽特人组成的雪橇队伍，到达了北极点。

1911 罗阿尔德·阿蒙森

阿蒙森与 4 个同伴乘坐狗拉雪橇到达了南极点。

1912 罗伯特·弗肯·斯科特

斯科特组织的探险队步行到达了南极点，但是在回程中遭遇不测。

1915 欧内斯特·沙克尔顿

沙克尔顿率队乘坐一艘名为"持久号"的蒸汽船去南极探险，"持久号"被困于冰雪之中，最终沉没，结束了他们的南极之行。

1926 罗阿尔德·阿蒙森

阿蒙森驾驶"挪威号"飞艇首次飞越北极点。

1929 理查德·伯德

理查德·伯德是世界上第一个乘飞机飞越南极点的人。

知识拓展

繁殖 (reproduce)

　　繁育下一代。

毗邻 (adjoining)

　　相接或邻近；在旁边。

大气层 (atmosphere)

　　行星（比如地球）周围的大气层。

伪装 (camouflaged)

　　通过表面掩饰以保持隐藏。颜色、形状和图案都能帮助动物隐藏于其所处的环境。

消化 (digestive)

　　食物分解并被吸收。

回波定位 (echolocation)

　　一些动物所使用的感知系统，动物收集自己所发出的声音的回声，以此找寻路径或定位猎物。

抵御 (fend)

　　为存活而反击或自卫。

冬眠 (hibernate)

　　以睡眠状态过冬，身体显示出缓慢的心跳和较低的体温。这确保了动物不会需要与活动状态下一样的能量，并且能靠身体里储存的脂肪过冬。

隔热 (insulates)

　　通过材料和物质覆盖或卷裹，这样就能防止热量流失或进入。

氮 (nitrogen)

　　无色无味的气体。氮气占地球气体的78%，并且所有的生物体内都有氮元素。

永久冻土 (permafrost)

　　永久冻结的土层。

食腐 (scavenging)

　　以已经死亡的动物为食。

策略 (strategies)

　　执行行动的计划和方法，比如捕猎策略。

流线型 (streamlined)

　　身体形状呈流线型，则不会遭遇很大的水或空气阻力，从而能轻易地移动。

Discovery Education探索·科学百科（中阶）

探索·科学百科

Discovery
EDUCATION™

世界科普百科类图文书领域最高专业技术质量的代表作

小学《科学》课拓展阅读辅助教材

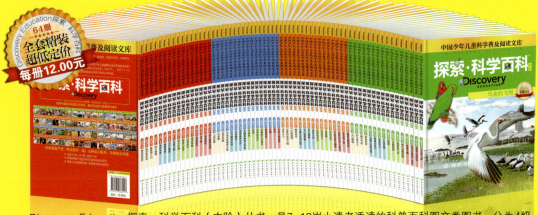

64册
全套精装
超低定价
每册12.00元

Discovery Education探索·科学百科（中阶）丛书，是7~12岁小读者适读的科普百科图文类图书，分为4级，每级16册，共64册。内容涵盖自然科学、社会科学、科学技术、人文历史等主题门类，每册为一个独立的内容主题。

Discovery Education
探索·科学百科（中阶）
1级套装（16册）
定价：192.00元

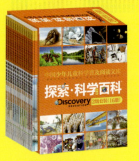

Discovery Education
探索·科学百科（中阶）
2级套装（16册）
定价：192.00元

Discovery Education
探索·科学百科（中阶）
3级套装（16册）
定价：192.00元

Discovery Education
探索·科学百科（中阶）
4级套装（16册）
定价：192.00元

Discovery Education
探索·科学百科（中阶）
1级分级分卷套装（4册）（共4卷）
每卷套装定价：48.00元

Discovery Education
探索·科学百科（中阶）
2级分级分卷套装（4册）（共4卷）
每卷套装定价：48.00元

Discovery Education
探索·科学百科（中阶）
3级分级分卷套装（4册）（共4卷）
每卷套装定价：48.00元

Discovery Education
探索·科学百科（中阶）
4级分级分卷套装（4册）（共4卷）
每卷套装定价：48.00元